U0588748

生命日记
两栖动物
青蛙

夏艳洁 编写

吉林出版集团股份有限公司 全国百佳图书出版单位

图书在版编目（ＣＩＰ）数据

生命日记. 两栖动物. 青蛙 / 夏艳洁编写. -- 长春：
吉林出版集团股份有限公司, 2018.4

ISBN 978-7-5534-1421-8

Ⅰ. ①生… Ⅱ. ①夏… Ⅲ. ①蛙科—少儿读物 Ⅳ.
①Q-49

中国版本图书馆 CIP 数据核字(2012)第 317721 号

生命日记·两栖动物·青蛙

SHENGMING RIJI LIANGQI DONGWU QINGWA

编　　写　夏艳洁

责任编辑　赵黎黎

装帧设计　卢　婷

排　　版　长春市诚美天下文化传播有限公司

出版发行　吉林出版集团股份有限公司

印　　刷　河北锐文印刷有限公司

版　　次　2018 年 4 月第 1 版　2018 年 5 月第 2 次印刷

开　　本　720mm×1000mm　1/16

印　张　8　字　数　60 千

书　　号　ISBN 978-7-5534-1421-8

定　　价　27.00 元

地　　址　长春市人民大街 4646 号

邮　　编　130021

电　　话　0431-85618719

电子邮箱　SXWH00110@163.com

目 录

Contents

目 录

Contents

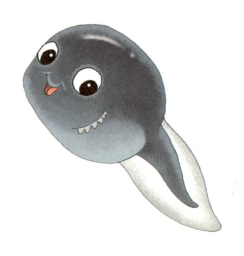

目 录

Contents

目 录

Contents

青　　蛙

　　我是一只小青蛙，是有名的捕虫能手、运动健将、歌唱家和伪装高手。在春天，我从一个受精卵孵化成蝌蚪，之后逐渐发育成为一只小青蛙。我作为一名农田小卫士，一年内能捕虫约 15 000 只，所以小朋友们要爱护我们哦！

我是小青蛙

5月1日　周二　晴

呱呱呱，呱呱呱，我是一只小青蛙。我喜欢温暖的春天，因为会出现许多的小伙伴。我喜欢炎热的夏天，因为可以和朋友们一起嬉戏玩耍。我喜欢金色的秋天，因为可以开始精心打造过冬的家。我喜欢银色的

冬天，因为可以一直待在家里睡懒觉。不过，我的成长是一个漫长又复杂的过程。首先要从一粒小小的卵变成小蝌蚪，然后再经过变态发育，最终才成为一只可爱的小青蛙。

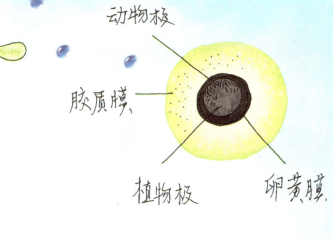

动物极

胶质膜

植物极

卵黄膜

卵宝宝们挤在一起

5月2日 周三 晴

　　我们刚出生时，还是一颗颗很小又很黏的卵，圆圆的、黑黑的，上面带着一个白色的小点。这是所有卵生动物胚胎都有的特征，黑色的是动物极，小白点是植物极，因为我是一个小动物，所以我的动物极就会长得特别地快。跟我一起出生的，还有大约500个兄弟姐妹呢。我们紧紧地挤靠在一起，形成一个连接紧密的圆团，直径大概有5厘米。蛙多力量大，这样我们就更安全了，互相支持着、保护着，而且我们也给彼此加油打气，争取快快长大。

我要吸收水分

5月3日 周四 晴

　　刚刚出生的我由于在妈妈的肚子里待太久了，所以十分地口渴，需要马上喝很多的水分来补充体力。身体外面的卵膜也需要吸收水分才能为我提供保护。我还要通过这层保护膜从水中呼吸新鲜的氧气。这样我才能活下来，并且健康地成长。在水塘

里吸收的水量要比我们自己身体大很
多很多呢。我们一帮兄弟姐妹们的体积一下
子从直径 5 厘米的小圆团变成直径 15 厘米的大
圆团。如果我们没有喝水喝得饱饱的，就会变成一
块有着结实硬壳的卵团。没有了持续充足的氧气，
没有了身边的养分，我们这一个个小小的青蛙卵便
失去了活力，慢慢地变得不健康，最后就会很快
地死去。

我成长的环境

5月4日 周五 晴

我们出生在一个清澈的水塘里，浅浅的水塘，水面很平静。周围的环境也特别好，有树丛，有草地。虽然现在刚刚进入春天，天气还是有些凉，小草还没有长大，但是我们还是可以附着在石块周围以及散落的植物茎叶上。你可不要小看这些植物的茎和叶，由于我们现在还很小、很弱，在妈妈出去捕食的时候，它们可以暂时保护我们的安全，使我们不会那么容易就被小鱼盯上而被当作食物吃掉。石块和落叶区就是我们现在的安全家园。

有的卵宝宝死了

5月5日　周六　晴

我们安静地待在卵团里准备长大，我好奇地张望，想看看我的兄弟姐妹都长成什么模样。这时我发现旁边卵团里的卵宝宝和我们长得不太一样，虽然我们都是一粒粒圆圆的小球，但我们的皮肤是黑色的，而它们的皮肤则是灰白色的。我疑惑地问妈妈："为什么我们身上的颜色不一样呢？"妈妈说："那一团卵宝宝非常可怜，因为它们的父母在生它们的时候没有照顾好它们，这群卵宝宝身边的卵胶膜很稀，它们已经死了，不能再长大了。"我听了以后，替这些卵宝宝们感到伤心，同时也庆幸我们有一个好妈妈，把我们健康地生了下来。

我长出器官

5月6日 周日 晴

今天，我的样子发生了一些变化。本来我还是一颗亮晶晶的黑色小卵，现在长出了一张小嘴和两个小眼泡。虽然现在只是有了嘴和眼睛的形状，不会马上用来吃和看东西，但是我还是很开心，因为我的样子开始有变化啦。我正在长大呢。咦，我身体的形状好像也发生了些变化呢。和以前相比，我变长了，身子变得圆鼓鼓的，后面还翘着一条短短的小尾巴。我有了后背，还有了肚皮，妈妈能区分我们的正反面了，也可以知道我们是否舒服地趴在水面上啦！

我感受到心跳

5月7日 周二 晴

　　我的身体在慢慢地长大，肌肉在不断变得强壮。我感觉自己好像有了力量，开始试着活动自己的身体和尾巴，还真的可以动呢，我开心极了。这时我感觉离自己很近的地方好像有咚咚的敲鼓声，就在周围找了起来，这是什么声音呢？原来这有节奏的声音是我自己的心跳声，虽然我的小心脏跳动得很微弱，但是我也能清楚地感觉到它的存在。正当我美美地感叹自己的变化时，我又在脑袋两侧发现了两对细条形的口，旁边还有几条像胡须的线条。妈妈说那是将来我们离开这层保护膜，进入水塘之后呼吸时用的鳃和鳃丝，在这些好玩的"胡须"中还有血液在流动呢。

15

我要长成小蝌蚪

5月8日　周二　晴

　　这几天我长大了很多，从一个小卵粒变成了一只小蝌蚪，这回可以到水塘里自由玩耍啦。我不断摆动自己身体，用后背使劲顶着卵胶膜，想要更快一点儿接触这外面的多彩世界。终于在我不断的努力下，我和一些兄弟姐妹从卵胶膜中游了出来。在水中的感觉虽然很好，但是我们还是要适应一会儿呢。于是我们或躺着，或侧着身子在水塘的底部。我的一个哥哥很健康、体力非常好，时不时地在水中游动一会儿，可是它有点儿掌握不好平衡，只能游很短的一段距离，而且好像在转着圈地向上游，动作十分可爱。看着哥哥游得那么开心，我们也都照着样子在水中慢慢地学习游泳。

我开始自由玩耍

过了一天，我们已经适应了水塘里的温度。同时，我们也在不断地成长，这让我们有力量游得更远。我感觉到血液在身体里慢慢地游走，由于我身上的皮肤不是很黑，看起来有点儿半透明的样子，所以在我的小肚子和尾巴的交界处可以看见微弱的血液循环。随着我不断地成长和发育，身体里血液的流动也就越来越畅通。妈妈看着我的成长，很欣慰，游过来对我说，我的眼睛变黑了，很精神，而且整个胖乎乎的身体逐渐地缩短，头部慢慢变宽，很快就能变成小青蛙了。我心里乐开了花，真希望快快长大。

我变成了蝌蚪

5月10日 周四 晴

今天，我发现我呼吸的小口前方的皮肤又加厚了一层，形成了起伏的小突起，这些小突起逐渐地变长，把我的鳃丝都要盖上了。然后它们竟然和我的皮肤长在一起了，只有左侧原来鳃的位置留着一个圆形的小孔出水。我有点儿惊慌，焦急地游来游去，心想是不是我不能呼吸啦，这可怎么办呢？后来我又用力试着呼吸，才发现虽然外鳃不见了，可是我还是可以用内鳃正常呼吸，这才放心地玩耍起来。现在我终于正式成为一只小蝌蚪了。加油！

蝌蚪最喜欢的食物

5月11日 周五 晴

现在我的嘴巴还很小，身体也比较弱。在从卵胶膜里游出来的第一周里，我们的食物主要是一直保护我们成长的卵胶膜。它在为我们提供最后一次帮助，就是成为我们最有营养的食物。小伙伴争相着聚集在卵胶膜的周围，努力地啃食着它，卵胶膜软软的，滑滑的，吃起来一点也不费劲，也很容易被我们吸收。由于食物较少，我们又很能吃，所以还要找些东西填饱肚子，于是，我们开始四处寻找其他好吃的东西。我找到了一片树叶的碎屑，大小刚好能吃到嘴里，浮在水面的绿藻，成了其他伙伴的美食。

哥哥欺负小妹妹

5月12日 周六 晴

　　我们这些刚钻出卵膜的小蝌蚪经常在一起行动，但是周围没有足够的食物。我和几个勇敢的小伙伴到前面宽阔的水面探查，惊喜地发现了种类更丰富的食物。我赶紧跑回来给伙伴们报信，让它们一起去吃美味。刚回到家，我就听到了

一件令人气愤的事情，个头大点儿的哥哥忍受不住饥饿，就欺负身材娇小的妹妹，把妹妹咬死吃掉了，但是大家都没有阻止。为了不让这种同类相残的事情再发生，我带领兄弟姐妹们向那片食物丰富的水域游去。

喜欢群居的小蝌蚪

5月13日 周日 晴

别看我们个头小，但是我们经常是成百上千个小伙伴一起行动。我们彼此紧靠在一起，形成一个黑色的大团，远远地望去像一条大鱼。这样小鱼们也就不敢欺负我们了，这也是保护自己的一个方法。白天，我们一起在清澈见底的浅水

塘里捕食、玩耍。晚上，我们就全都沉入到水底休息。天气冷的时候，我们就找到一片阳光充足的水面晒太阳，而要是在炎热的夏天，我们还要避开大太阳的直接照射，我们也要避暑呢。如果遇到阴雨天，那真是太糟糕了，我们的胆子很小，被吓得四处乱跑，各自藏到水塘的深处不敢动弹。

我要小心天敌

5月14日 周一 晴

这一天，我和几个哥哥正在水塘的一角进行游泳比赛，很多小伙伴都来观看。正当我们比赛进行到一半时，突然从水中钻出来两只野鸭，冲进了我们的赛场。这时大家都慌了，以最快的速度向不同方向跑散。但是离野鸭最近的几个小伙伴，因为来不及逃跑被野鸭吞进了肚子里，再也回不来

了。我们为失去了这些
小伙伴而感到很伤心。回
到家里，妈妈听到了今天的事情吓坏了，
告诉我们以后出去玩的时候，一定要注意野鸭、小鱼、
水虫这样的敌人。我们要保护好自己，让妈妈放心。

我又长高了

5月20日　周日　晴

时间过得真快，今天已经是我们从卵胶膜中钻出来的第12天了，我们对身边这片水塘很熟悉了，也很喜欢在这里生活。我们知道在哪里能找到丰富的食物，也知道遇到危险时到哪里躲避，最主要的是因为吃得多，爱运动，我们的个子也在不知不觉中长高了，和刚出生的我们比起来要大3～5倍呢。不过我还是不知足，我想要快快地长大，这样就可以变成一只小青蛙，在更广阔的天地里游走，看看陆地是个什么样子。

我的食量变大了

5月25日 周五 晴

这连续的几天，我每一顿饭都吃得特别多，总感觉胃里没有吃饱一样。刚刚吃完蚊子幼虫，游到了绿藻面前，又控制不住地啃起了嫩嫩的藻。还没有到午饭时间，我的小肚子就已经鼓鼓的了。我奇怪地问妈妈："妈妈，妈妈，为什么我这几天总能吃那么多食物呢？是不是得了什么病呀？"妈妈笑着说："孩子，别担心，那是你要长大啦！要开始变得和妈妈一样了！"我高兴地游来游去，游到小伙伴的身边去告诉它们这个好消息。

33

我长出后腿了

5月26日　周六　晴

这两天我的胃口没有前几天好，有点儿不那么想吃东西了。我在池塘中游来游去，突然发现身体的后面长出两个小肉茎，它们长在离小尾巴不远的地方，那就是和爸妈一样的腿吧，我高兴极了，我终于开始变形了！不过现在这两条小腿还没有发育完全，不太听我的话，所以我还要靠小尾巴才能游动，还好我的尾巴现在变得很强壮，可以让我自由地游。我的小脑袋也变样了，不但变大了，还变成了三角形，脑袋上面的小眼睛也变得更加明亮。我的肚子变成了长方形，整个身体好像一颗黑色的子弹。

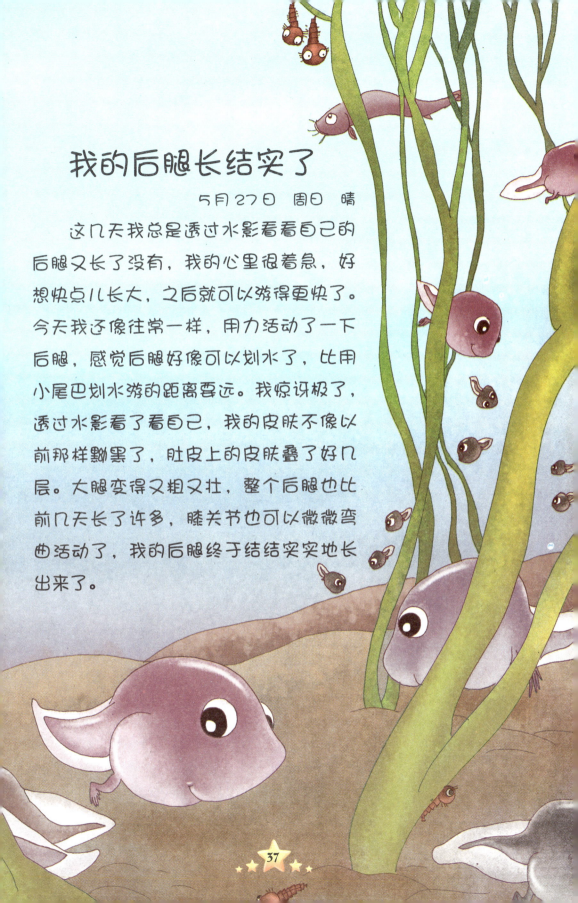

我的后腿长结实了

5月27日 周日 晴

这几天我总是透过水影看看自己的后腿又长了没有，我的心里很着急，好想快点儿长大，之后就可以游得更快了。今天我还像往常一样，用力活动了一下后腿，感觉后腿好像可以划水了，比用小尾巴划水游的距离要远。我惊讶极了，透过水影看了看自己，我的皮肤不像以前那样黝黑了，肚皮上的皮肤叠了好几层。大腿变得又粗又壮，整个后腿也比前几天长了许多，膝关节也可以微微弯曲活动了，我的后腿终于结结实实地长出来了。

37

我的小脚趾展开了

5月28日 周一 晴

　　我的小脚刚长出来的时候，五个脚趾是黏在一起的，不能张开。我总感觉这样很不舒服，划水也很费力。我努力伸展脚趾，动着动着，发现在脚趾前面的部分，原来黏在一起的脚趾之间的缝隙变深了，形成了一个凹沟，好像是要把五个脚趾分开。现在我的小脚有了新的形状，五个脚趾的轮廓都清晰可见，其中第四个脚趾最长，脚趾头的前面是弯弯的，只有第一个和第二个脚趾仍然连在一起，其他脚趾的前面都分开了，脚的后面像是被一层薄薄的膜连接着，没有完全分开，妈妈告诉我那叫蹼膜，可以帮助我们更轻松地划水。

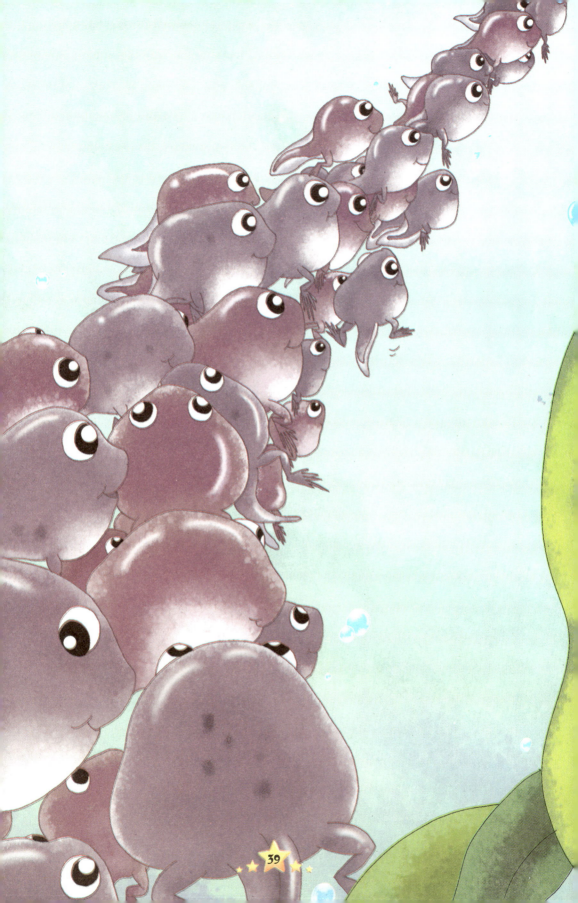

我的样子变化很大

5月29日　周二　晴

　　我这几天成长得特别快，长长了，也长胖了。在后腿发育的同时，我身体的其他部分也在发生着微妙的变化。我皮肤的颜色一点一点地变浅，没有刚出生时那么黑了，后腿背面也长出了几个小黑点。身体的前半部分变宽了，背部中间凸起的脊柱形状渐渐变得清晰可见。我的大眼睛也在长大，在我的脸上突出来，眼睛上的皮肤也跟着隆起，变成了我的眼皮，为我的眼睛提供保护。我的小鼻子也不落后，努力地长到了皮肤的上面，头部的变化让我看起来更像一只小青蛙了。

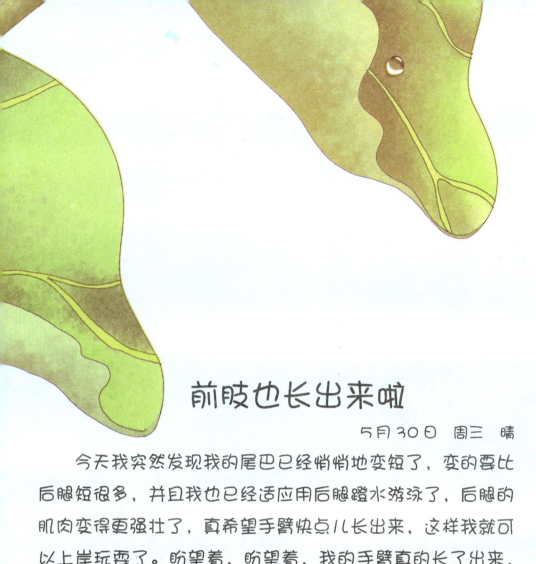

前肢也长出来啦

5月30日 周三 晴

今天我突然发现我的尾巴已经悄悄地变短了，变的要比后腿短很多，并且我也已经适应用后腿蹬水游泳了，后腿的肌肉变得更强壮了，真希望手臂快点儿长出来，这样我就可以上岸玩耍了。盼望着，盼望着，我的手臂真的长了出来，虽然它没有我的后腿长，不过它非常有力量，我趴在水下的石块上活动手臂，它竟可以支撑起我的整个身体，我终于可以和爸爸妈妈一样游泳了。我美美地晃着身体，小脑袋这次没有跟我的身体一起摆动，这是怎么回事呢？原来我的头也可以抬起来了。

转变呼吸方式

5月31日 周四 晴

　　这几天我和兄弟姐妹们都长得特别快，我们的四肢已经全长了出来，也学会用四肢划水活动。我们还有一个愿望，那就是和爸爸妈妈一样，到陆地上去玩耍。可是我们以前一直用鳃在水中呼吸，如果离开了池塘，我们会不会活不了啊？邻居家的大姐姐告诉我，在我们四肢生长的时候，我们的鳃也在悄悄地发生着改变，鳃上的那个可以排出水的小管已经慢慢变短，最后闭合在一起了，内鳃也已经变成可以在空气中呼吸的肺了，我们的呼吸方式已经完成了从水中到陆地生活的转变了。

我变成了小青蛙

6月1日 周五 晴

　　我的体形现在已经完全是小青蛙的样子了，小尾巴彻底不见了，四肢的肌肉让我锻炼得很发达。我的肩膀变宽了，肩膀周围的皮肤也不那么丑了，不那么皱褶了，现在变得光滑极了。小脑袋呈三角形，小嘴巴变得如青蛙的大嘴巴一样，舌头也变长变大了。大眼睛圆溜溜地突出来，好像能看到更多的景色，眼睛累的时候，下眼皮还可以上来保护它一下。小耳朵也长出来了，而且我的小耳朵长得很特别呢，是一个圆圆的薄膜，长在大眼睛的后面，看起来像两个小包包，我们可以通过它听到声音。

皮肤可以呼吸

6月2日 周六 晴

原来的我每天都在池塘中游泳，并没有发现我的皮肤总是湿漉漉的，我想在水中这滑滑的身体能帮助我们更轻松地游来游去。现在我们可以到陆地上玩耍了，可皮肤还是湿湿滑滑的，这是为什么呢？姐姐告诉我说，因为我们的身体必须保持充足的水分才能活下去，所以比较喜欢湿润的环境，皮肤总是湿湿的是为了保护我们能健康地生活下去。姐姐还告诉我们一个秘密，就是我们的皮肤还有一个特别的作用，可以从空气中吸取氧气送到身体里，所以在陆地上我们不但可以用肺呼吸，还可以用皮肤呼吸。

青蛙的亮丽新装

6月3日 周日 晴

　　经过这么多天的成长，我已经成功地从一只小蝌蚪变成了一只小青蛙啦，完成了成长经历中的第一步，变得和爸爸妈妈一个模样了。我穿上了一身绿衣裳，上面还有三条白色的花纹。一些黑色的小点，像天空中的小星星挂满天空一样，散落在裤子上面。白白的肚皮在阳光下显得特别地耀眼。亮晶晶的眼睛，大大的嘴巴，光溜溜的肚皮，让我感觉自己特别地漂亮，我游到池塘里给我的兄弟姐妹展示我的新衣服，我高兴地跳到岸上，去告诉爸爸妈妈我长大了的好消息。

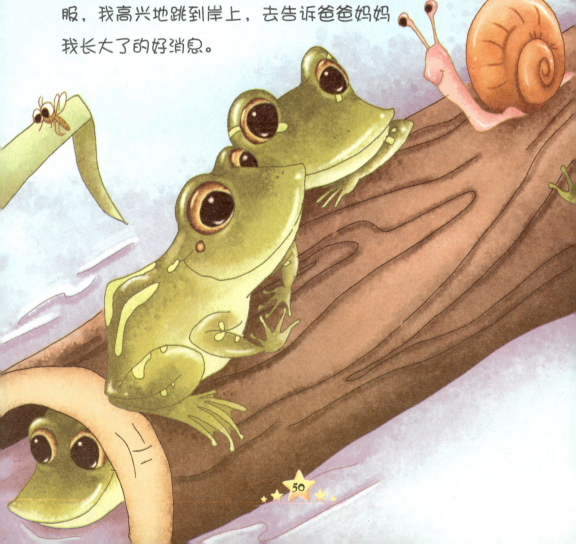

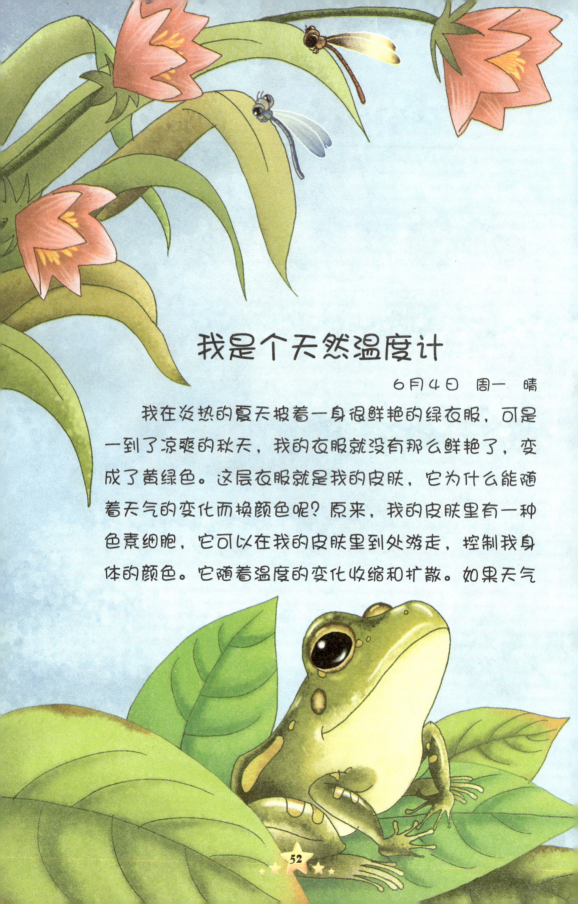

我是个天然温度计

6月4日 周一 晴

　　我在炎热的夏天披着一身很鲜艳的绿衣服，可是一到了凉爽的秋天，我的衣服就没有那么鲜艳了，变成了黄绿色。这层衣服就是我的皮肤，它为什么能随着天气的变化而换颜色呢？原来，我的皮肤里有一种色素细胞，它可以在我的皮肤里到处游走，控制我身体的颜色。它随着温度的变化收缩和扩散。如果天气

很热它们就分散到身体的各个角落里乘凉，我的皮肤颜色就变得很浅；如果天气寒冷，它们就聚集起来取暖，我的皮肤就变成了深颜色。哈哈，我多像一个小小温度计啊，通过皮肤可以看出天气的变化。

哥哥姐姐长得不一样

6月5日　周二　晴

哥哥和姐姐的外表长得很像，有时候我会不小心认错，后来我认真地观察了一下，才发现它们之间的细小差别。虽然哥哥和姐姐后背的皮肤都是绿色的，上面带有棕色条纹，它们都有着白白的肚皮，三角形的脑袋。但是比较着看，你就会发现同龄的姐姐要比哥哥的体型大一些，但是身上的颜色却没有哥哥的亮丽。最主要的区别还是哥哥的咽喉旁边有一对声囊，它们有时候会鼓起来，像两个小气球，可以帮助哥哥发出声音，追到漂亮的女朋友。

同类也是天敌

6月6日　周三　晴

今天我在水塘中给弟弟妹妹讲述我成长为小青蛙的过程，一只大青蛙和妈妈从两个方向同时向我们游过来。正当我们游向妈妈的时候，妈妈却和那只大青蛙打了起来，那只大青蛙总想绕过妈妈向我们扑来，可妈

妈张开手臂，很勇敢地赶走了那只大青蛙。我们
奇怪地问妈妈这是怎么回事，妈妈告诉我们刚才很危
险，那只青蛙要吃掉我们。妈妈说我们还小，很多大一点
儿的动物包括我们的同类都可能吃掉我们，所以我们要学
会保护好自己，遇到凶猛的动物就赶快躲起来，我们
一个个都连连点头。

妈妈讲过去的故事

6月7日 周四 晴

今天我们这些小青蛙围在妈妈身边，求着妈妈给我们讲家族的历史。我们的祖先在侏罗纪时代的三叠纪早期就出现了，但当时是在水中生活的。后来由于地球环境的改变，一些河流和湖泊变成了陆地，我们的祖先为了适应新的环境就开始不断地进化。一些能适应陆地生活的蛙类生存下来，把在水里游动的尾巴变成了陆地和水里都能运动的四肢，呼吸空气的鳃变成了肺。由于我们祖先的进化并不十分彻底，所以我们要经历蝌蚪的过程，之后才会变成青蛙的模样。

误认的"哥哥"

6月8日　周五　晴

　　今天我们的池塘来了一位客人叫蟾蜍，听说它是我们两栖类动物家族里的远亲。它和我们长得很像，都有一张大嘴，一身绿衣裳，两只眼睛，四条腿。我们之间的区别是我们的皮肤比较光滑，身材苗条，而蟾蜍的皮肤上都是小疙瘩，身体还胖胖的。你可别小看它们身上的疙瘩，那里面可充满着毒液呢。它们游起来慢吞吞的，跳得也没有我们高，所以经常在陆地上爬行前进，可是它们对环境的适应力很强，不但可以生活在雨水丰富的山林里，还可以生活在缺少水源的荒漠中。

鸟儿差点将我捉走

6月9日 周六 晴

今天天气晴朗，我和哥哥姐姐在岸边练习跳跃。忽然，天空中好像飘来一片阴云，我抬头仔细一看，是一群小鸟在向我们飞来。这时，只听妈妈在远处大喊："快点跑！赶紧躲起来！小鸟会把你们吃掉的！"我们一个个小幼蛙开始惊慌地四处乱跳。我离水塘比较近，就赶快钻进了深水里，姐姐躲在了一块石头下面，哥哥逃到了大树下面的洞穴里。可是小妹妹却没那么幸运了，它因为没有快点儿找到躲藏的地方，被小鸟叼走了。我们都感觉很难过，以后我们一定要学会好好保护自己才行。

我的耳朵很特别

6月10日 周日 晴

很多小动物朋友都问我有没有耳朵，其实我们是有耳朵的，我们的耳朵长在眼睛的后面。我们的耳朵是一个圆圈形的斑纹，这个斑纹其实是一层薄薄的膜，大家管它叫鼓膜。我们的鼓膜和人类的耳朵只不过形状不同，其实有着一样的功能，耳鼓可以带动中耳的小棒将声音传进大脑，内耳可以平衡感觉和感受声波。我们的耳朵通过从空气或水中传来的振动来感知声音。还有一个神奇的地方，那就是我们的肺也参加了声音的传送，它可帮助我们判断声波的方位，并且保护我们的耳朵不被自己发出的声音的回响损害。

我有一双大脚

6月11日 周一 晴

今天是森林小动物运动会，我又获得了游泳比赛的冠军。记者小松鼠过来采访我，询问为什么我在水中游得那么快。我非常自豪地告诉它，因为我有一双构造特别的大脚，可以帮助我游得飞快。首先我的后腿比较长，差不多和上半身的长度一样，我的脚也非常地大，比我的小腿还要长。再者就是我的五个脚趾头之间有一层薄膜连接，大家都管它叫蹼。这层膜又宽又大，韧性还好，增加了大脚划水的面积，不但可以让我更省力地划水，还让我得到更多水给的推动力，所以我就游得又快又远了。

67

好用的舌头

6月12日 周二 晴

　　为什么我们都是捕捉昆虫的能手呢？那因为我们有一个构造特别的舌头。我们的舌头长长的，也很宽大，舌尖的地方还有一个小小的分叉。舌根长在嘴巴靠前面的一侧，而舌尖却长在了嘴巴的里面，这样方便我们把捕到的小昆虫放入口中，这是多么神奇的构造呀！我的舌头上还能分泌出一种黏黏的液体，可以将小昆虫牢牢地黏在舌头上。我们安静地蹲在池塘边，只要有小虫子从我身边飞过，就猛地向上一跳，张开嘴巴，用小舌头快速地一卷，将美食送进我的肚子里。

跳远能手就是我

6月13日　周三　晴

　　别看我个头小，但如果要让我们参加动物界的运动会，我们可是跳远冠军呢！虽然我们的肚子总是鼓鼓的，身体胖胖的，看起来有点儿笨拙，再加上我们的两条腿是那样的细，大家根本不认为我们能跳多远。但其实平时我们在水中经常

锻炼四肢，我们的大腿上都是肌肉，而且特别有力量。所以我们平时在池塘的荷叶上玩耍，只要轻轻松松地一蹦，就可以从这片荷叶跳到另一片荷叶的上面，跳过的距离可以达到身体的 20 倍呢！当然，跳高也是我们擅长的项目，我们猛地一跳所跳起的高度可以达到身高的两倍多呢！

我是近视眼

6月14日 周四 晴

我是一个捕虫能手，经常坐在水塘边捉虫子吃，但我是近视眼，只有当我最喜欢的苍蝇、飞蛾飞到我的面前时，我才猛地跳起来，用舌头将它们卷进嘴巴里。我的眼睛也很奇特，它一共由五种神经细胞构成，其中一种细胞负责辨认物

体的颜色，另外四种细胞只负责分辨出运动的物体。所以我看静止的东西很迟钝，看运动中的东西却很敏锐，如果小虫子不动，我也不能发现它们。但是我可以通过小昆虫的外形，分辨出这个飞来的小东西是不是我喜欢的食物，然后选择是不是吃掉它们。

争当农田小卫士

7月1日　周日　晴

　　我是一个不挑食的小青蛙，爱吃小昆虫。我们幼蛙的个头小，吃不了太大的虫子，所以我们经常在水塘边吃蚊子和小苍蝇等比较小的虫子。长大了后，有一个大大的嘴巴，就可以吃大一点的昆虫了。

天牛、飞蛾、蝗虫这些田间的害虫都是我最爱的食物。我们经常到农田里捉虫吃。农民伯伯看到我们都会面带笑容地和孩子们说："不要伤害小青蛙，小青蛙是人类最好的朋友，它们能吃几十种小昆虫，可以帮我们清除庄稼地里的害虫，让我们收获更多的粮食。"

特殊的吃饭动作
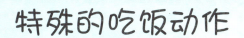

7月2日 周一 晴

今天我和姐姐一起捕虫，偶然发现姐姐在把食物吃下去时眼睛总是一眨一眨的。难道我也是这样吗？原来这是因为我们没有牙齿，所以在吃小虫子的时候只能把它整个吞进肚子里，再加上我们的眼眶下面也没有骨头，眼球和嘴巴之间只由一层薄薄的膜连接。在把食物吃进肚子里时，眼睛旁边的肌肉就跟着嘴巴的张大而被拉伸，眼球自然也就跟着凸出来，随后眼球给食道一种压力将食物送进胃里，因此我们吃东西时有眨眼睛的习惯。

小小歌唱家

7月3日 周二 晴

　　今天的天气很闷热，在中午的时候下起了大雨，我很开心，因为我喜欢下雨天。大雨过后姐姐把我们召集到一起，教我们唱歌。我们学着用声带发音，弟弟的声音更好听，它还可以用嘴边鼓起来的外声囊产生共鸣。练习发声

之后，姐姐给我们分配合适的位置准备大合唱，哥哥是领唱，我和兄弟姐妹们是伴唱，我们有的唱低音，有的唱高音，姐姐在前面给我们指挥。我们互相配合着，声音洪亮，富有节奏感。远处池塘里的青蛙们听到了我们的交响乐，也都被吸引过来。

哥哥脚趾肿了

7月4日 周三 晴

今天哥哥跑到妈妈身边向妈妈求助，因为哥哥的肚子变得很大很鼓，像是刚喝了很多水，后腿脚趾尖的地方还有些红肿，有一只脚出血了。我猜脚肿的地方一定很疼，因为哥哥都哭了。妈妈看到哥哥生病了，心里又心疼又着急，它知道这个病要是严重了，哥哥的整个后腿都会红肿出血，所以这个时候需要给哥哥涂上一种杀菌的药，才能治好哥哥的病。哥哥得的这个病叫红腿病，是因为我们生活的池塘不干净，哥哥抵抗力又弱才得病的。妈妈告诉我们现在要和哥哥分开一段时间，不然我们也有可能被传染。

我们被迫离开家园

7月5日　周四　晴

　　我们原本的家被一种农药给污染了，这种农药本来是人类用来预防或治疗土豆和甜菜的疾病的，叫三苯基锡化合物。当人们向农田里喷洒药的时候，这种药会跟着雨水流进水塘里，在水塘里集中、变化，就使我们的水塘里充满了这种毒

药，影响到我们的生存。虽然这种药的用量非常少，但也能危及我们的健康和生命。一旦我们不小心中了这种毒，我们就会变得反应缓慢，在遇到我们的天敌时，就会因为我们逃跑的速度慢而被吃掉。所以我们现在要搬家了，搬到一个没有污染的水塘里生活。

遇到大蛇的袭击

7月6日 周五 晴

  我们成群结队地向新家走去，一路上妈妈总是提醒我们注意身边的树丛，因为那里面可能躲藏着我们的天敌——蛇。蛇对于我们来说是一个很可怕的动物，它张开大嘴巴，一口气可以吃掉我们二十多只小青蛙呢。正当我们快速地通过一片树木茂盛的森林时，突然从树丛中蹿出一条大蛇来，把我们的队伍冲散了。我和弟弟妹妹都被吓坏了，赶快向远处逃跑。幸运的是我和弟弟妹妹跑得快，躲开了大蛇的攻击，可是我们和妈妈失散了，妹妹也由于慌张地逃跑，不小心被一块锋利的石头划伤了大腿。

妹妹生病了

7月7日 周六 晴

妹妹自从大腿被石头划伤之后，身体变得很虚弱。这几天妹妹的眼睛里长出了几个小黑点，而且这些小黑点很快变成了白颜色，妹妹紧张地叫我们过去，说她看不清路了。这时我发现妹妹原本鲜亮的皮肤变得很暗，腿上伤口附近的皮肤开始腐烂，身上原本没有受伤的地方也长出了白色的小点，好像要溃烂了。我害怕极了，听一个伙伴说这好像叫烂皮病。后来妹妹渐渐地不想吃虫子了，身上的肉也烂掉了，样子很可怕。最后她死掉了，我们都很伤心。

87

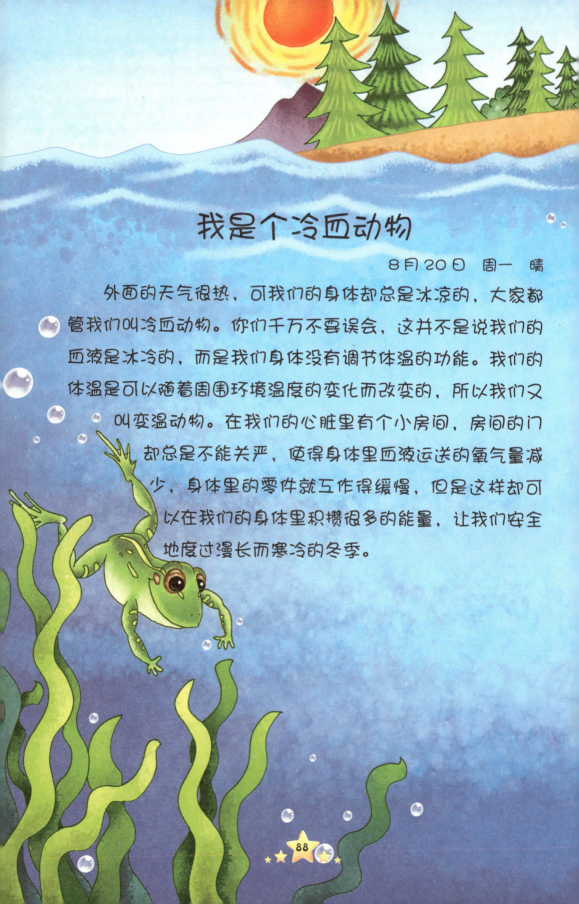

我是个冷血动物

8月20日 周一 晴

外面的天气很热，可我们的身体却总是冰凉的，大家都管我们叫冷血动物。你们千万不要误会，这并不是说我们的血液是冰冷的，而是我们身体没有调节体温的功能。我们的体温是可以随着周围环境温度的变化而改变的，所以我们又叫变温动物。在我们的心脏里有个小房间，房间的门却总是不能关严，使得身体里血液运送的氧气量减少，身体里的零件就工作得缓慢，但是这样却可以在我们的身体里积攒很多的能量，让我们安全地度过漫长而寒冷的冬季。

89

吃得胖才能度过冬天

8月21日 周二 晴

夏天是我非常喜欢的季节，因为这个时候我们会有很多小昆虫可以吃。这些小昆虫营养丰富，可以让我们健康成长，很快就可以长得又高又壮。还有一个原因就是我要为过冬做准备，这是一项特殊的工作，我会在这个季节吃好多的小虫子，不但为了填饱肚子，还为了使肚子里的脂肪逐渐增多，用来抵抗寒冷的冬季。虽然整个冬天我们基本是在睡觉中度过的，用不了多少能量，但是冬季要持续好几个月呢，我们还是要在身体里储存足够多的营养才安心。

寻找过冬的家

8月22日　周三　晴

　　秋天到了，天气凉了，树叶黄了，小鸟们都飞到温暖的南方去了，我们这些小青蛙也要开始寻找一个适合过冬的家了。因为我们的体温会随着气温变化而变化，天凉了，我们的身体也跟着变凉了，一旦到了冬天，水塘结冰了，我们如

果一直待在外面就会被冻死。所以我们在秋天就在水塘附近
或者在山林中寻找过冬的洞穴。我们一般都会找到一块潮湿
的土地挖洞，因为我们不喜欢干燥的环境，而且潮湿的土地
里会存有更多的氧气，到了冬天还会更保暖些，选好冬眠的
小窝是很重要的。

我要冬眠了

10月22日 周一 晴

　　寒冷的冬天来到了，我们都各自躲进了搭建好的土洞里准备冬眠。一进入冬天我们就都不再吃任何食物了，也不随便活动了。几乎所有的时间都在睡觉，可你们别以为我是一只懒惰的小青蛙，冬眠是祖先们留给我们对抗寒冷环境的一

种生存方法。我在睡觉时体温会下降，呼吸的次数会变少，身体内各个细胞的运动变得缓慢，这样能减少肚子里营养物的消耗，保证我们有体力熬过这个冬天。如果这个时候把我从睡梦中叫醒，我就会紧张地乱蹦，会消耗洞里大量的氧气和身体里储存的能量，我可能生病甚至死掉。

春天来了我醒了

4月10日 周三 晴

滴答，滴答，洞外流水的声音将我从睡梦中唤醒。我赶紧睁开眼睛，从洞口向外望去，洞外阳光明媚，空气特别地新鲜。天气也开始暖和了，水面上的冰慢慢地融化了，原本枯黄的小树也渐渐地恢复了生机，鸟儿在枝头快乐地唱起了歌，这一定是春天来啦。我不用睡觉了，可以出去玩耍了。虽然我身体里的营养物已经消耗得差不多了，现在的我非常瘦弱，但我还是可以挪动身体的。我在洞里舒展了一下筋骨，做些准备活动，之后就着急地跑到洞外去和小伙伴们玩了。

妹妹被冻死了

4月11日　周四　晴

　　正当我们为春天的到来而感到开心的时候，哥哥发现有两个妹妹还没有从洞里钻出来。我开始以为妹妹贪睡，但是后来才发现妹妹死掉了。妹妹的洞里有一大堆厚厚的树叶，她被压在下面，树叶是可以为我们保暖和保持洞里湿润的，土洞也封闭的比较严实，为什么妹妹还会死掉呢？妈妈告诉我们，妹妹拿进洞里的叶子可能含有很多水分，树叶和妹妹的身体粘在了一起，压得妹妹没办法动弹，再加上没有充足的氧气呼吸，才使得妹妹离开我们，所以我们以后在准备冬眠物品时一定要注意。

我在安静的水域中休息

4月12日 周五 晴

　　整个冬天我都趴在洞穴里没有活动，刚从洞里出来的时候，感觉四肢的肌肉有点酸，还不听使唤。我不想去和伙伴们玩耍，也不想捉虫吃。我游进了一片安静的水塘，在里面慢慢地游了一会儿，伸展了一下胳膊和腿，虽然运动量很小，但还是感觉有点累，于是我又趴进水里闭目养神了。小松鼠看见我在那趴着不动，以为我晕倒了呢，赶快叫小鱼来叫醒我。我伸了个懒腰，告诉它们我只是在休息。这时春雷哥哥来了，告诉我春天的消息，春雨姐姐紧跟着给我洗了个舒服的澡，春风妹妹姗姗来迟，终于唤醒了我的全部精神。

融化的雪水将我冲走了

4月13日　周六　晴

　　春天是一个万物复苏的季节，春风轻轻地吹过，小草发了芽，小树开了花，吹回了小燕子，吹醒了小青蛙。阳光将温暖重新带给了大地，经过一个冬天的休息，大家都迫不及待地要出来活动活动，整个世界变得不再那么静悄悄了。小河里的冰雪融化了，河水涨得很高，河里顿时变得热闹极了。我们正要和小鱼们嬉戏时，忽然上游涌下来很多积雪融化的水。由于我们刚刚恢复精神开始活动，身体还没有太多的力气，大水将我和伙伴们冲走了。

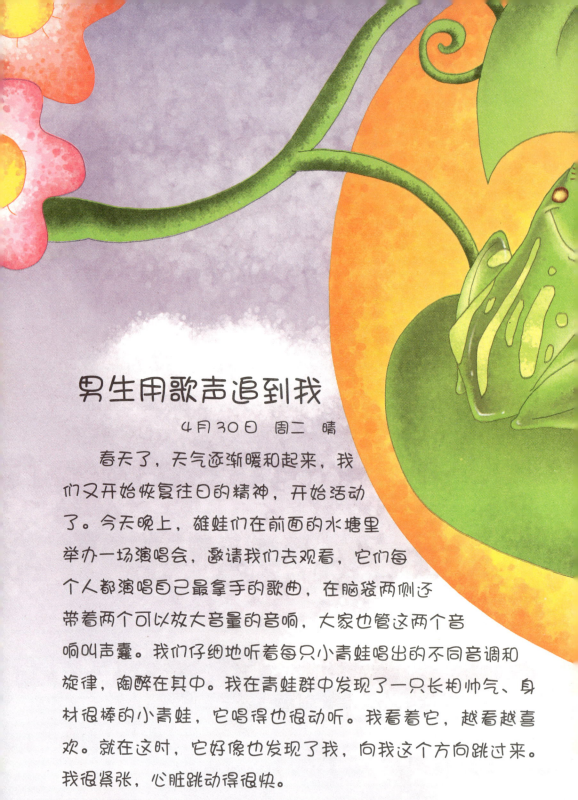

男生用歌声追到我

4月30日 周二 晴

春天了，天气逐渐暖和起来，我们又开始恢复往日的精神，开始活动了。今天晚上，雄蛙们在前面的水塘里举办一场演唱会，邀请我们去观看，它们每个人都演唱自己最拿手的歌曲，在脑袋两侧还带着两个可以放大音量的音响，大家也管这两个音响叫声囊。我们仔细地听着每只小青蛙唱出的不同音调和旋律，陶醉在其中。我在青蛙群中发现了一只长相帅气、身材很棒的小青蛙，它唱得也很动听。我看着它，越看越喜欢。就在这时，它好像也发现了我，向我这个方向跳过来。我很紧张，心脏跳动得很快。

我们结婚了

5月5日　周日　晴

男朋友和我表白之后，还给我唱了很多好听的歌曲，我们在一起度过了一段很开心的时光。最后我们结婚了，来到了一片安静的浅水塘里准备生小宝宝。我现在的肚子鼓鼓的，里面都是卵宝宝，但是它们现在还没有力气自己跑出

来。于是宝宝的爸爸就跳到我的身上，用胳膊紧紧地抱住我，并不断地用自己的肚子顶着我，用后腿轻轻地挤压着我的肚子，和我一起努力，想要尽快地帮助宝宝从我的肚子里出来。为了让更多的宝宝存活下来，宝宝爸爸还尽量将它的身体和我接近，并和我保持同步。

我也有了自己的宝宝

5月6日 周一 晴

  天亮了，水塘里的温度也开始渐渐地升高了，我的身体也跟着暖和起来，僵硬的腿脚也舒缓了一些。经过我和宝宝爸爸几个小时的共同努力，宝宝们出生了。它们慢慢地从我的肚子里钻了出来，宝宝爸爸也松了一口气，将肚子里的精子洒在了刚出生的卵宝宝身上，完成了最后的重要任务。这些小精子可以在水中自由地运动，它们游进卵宝宝的肚子里，之后宝宝才能活下来并且继续成长。宝宝吸饱了水，安静地浮在水面上。我们一起给宝宝加油，希望它们能快快长大！

我们需要休息一下

5月7日 周二 晴

　　为了宝宝的顺利出生，我和宝宝爸爸都用尽了全身的力气，所以现在的我们感觉很辛苦，需要补充点儿体力。虽然是春天，天气还是有些凉，很多小昆虫都没有出来活动，我们也就没有什么食物吃了，所以我们打算睡一觉休息休息。宝宝爸爸实在太累了，就先跑进水塘旁边的田地里休息去了。而我虽然也很累，但是想找一个安静的地方好好休息，就钻进了树丛中，找了一个被树叶掩盖着的潮湿洞穴。我将四肢都蜷在一起取暖，慢慢地睡着了。

110

我和宝宝们一起长大

5月21日 周二 晴

　　我在洞穴里休息了十多天，终于睡醒了，我没有多在洞里停留，焦急地游进池塘里看看宝宝们变成什么样了。宝宝们一个个都很健康，短短十几天已经变成小蝌蚪的样子了，它们现在正在努力地向卵膜外面钻。我看着宝宝们的现在，忽然想起了我以前的样子，我赶快在一旁给宝宝们加油鼓劲。但我并没有帮助它们，是想锻炼它们独立的性格，让它们明白要靠自己的努力才能成功。我也和宝宝一样每时每刻都在成长，我又长高了，体重也增加了不少，这样我就能更好地保护我的孩子了。

宝宝喘不过气来了

7月7日 周日 晴

连续几天，天气都很热，水塘中出现了很多小浮游生物，它们把水中大部分的氧气吃掉了，使我的蝌蚪宝宝们没有足够的氧气呼吸了。宝宝们的身体有点吃不消了，纷纷浮上水面大口地吞食空气，我看着宝宝们这么坚强，一边鼓励它们勇敢地活下去，一边和宝宝爸爸努力地将水面上的部分小生物吃掉。最小的宝宝身体比较弱，得了气泡病。它的肚子里都是气泡，胀得鼓鼓的，不能自由地游泳和潜到水底了，只能仰在水中乱扑通。我焦急地想着办法，最后决定把小宝宝推到干净的水里，这样也许能救它。

115

宝宝爸爸的肠胃不舒服

7月15日 周一 晴

宝宝的爸爸这几天的心情突然变得很不好，总是安静不下来，一会儿钻进泥土里，一会儿跑进树丛中上蹿下跳。可是今天它却静静地待在角落里，我去找它一起捕食，看到它低着头，弓着背坐在那里不愿意动弹。我问它是不是不舒

服，等了好一会儿，它才慢吞吞地说自己的肚子疼，不想吃东西。看来它病得很严重，我赶紧找来了医生给它做检查，医生说它可能是吃了不干净的食物，所以得了肠胃炎，再晚几天看病就会死掉了。医生赶快给宝宝爸爸吃了药，说过几天就会好，我这才放心。

我选择在水中冬眠

9月20日　周五　晴

今年的秋天比去年来得早了一点儿，还没等我找到合适的冬眠洞穴，天气就一下子变冷了。于是我就选择水塘作为我冬眠的家。天气逐渐地变冷了，但是水面还没有结冰，贪玩的我们就在池塘的浅水区到处追逐嬉戏，我自己还跑到了

一个从来没有到过的水域去探险。我和其他的小伙伴们游到了一起，准备到水塘的深处去休息了。水塘的深处比较安静，还能使我们在寒冷的冬天里享受阳光的一点照射，所以说在水塘里冬眠也是一个不错的选择呢。

我永远地离开了

转眼间我已经在这片水域生活了 5 年，我从一只小蝌蚪变成了今天的小青蛙，有了自己的家和自己的宝宝，生活很幸福，现在的我已经老了，成了家族里的老寿星，也是许多孩子们的奶奶。我的身体不再健壮了，不能保护我的孩子

了，我的反应也变慢了，不能帮孩子们捉虫吃了，现在轮到
孩子天天照顾我了。我在一天天地衰老，眼睛看不清楚东西
了，也不能动弹了。我感觉自己要走了，永远离开这个我热
爱的世界了，离开喜爱的孩子们了。孩子们原谅我不能陪在
你们身边了，但要记住，我爱你们。